易学易做

豆浆果汁

邴吉和 编著

中国人口出版社
China Population Publishing House
全国百佳出版单位

图书在版编目（CIP）数据

豆浆果汁 / 邴吉和编著. -- 北京：中国人口出版社，2014.1

（易学易做）

ISBN 978-7-5101-1782-4

Ⅰ. ①豆… Ⅱ. ①邴… Ⅲ. ①豆制食品—饮料—制作 ②果汁饮料—制作 Ⅳ. ①TS214.2②TS275.5

中国版本图书馆CIP数据核字(2013)第262459号

易学易做·豆浆果汁

邴吉和　编著

出版发行　中国人口出版社
印　　刷　山东海蓝印刷有限公司
开　　本　787毫米×1092毫米　1/16
印　　张　9
字　　数　60千字
版　　次　2014年1月第1版
印　　次　2014年1月第1次印刷
书　　号　ISBN 978-7-5101-1782-4
定　　价　19.80元

社　　长　陶庆军
网　　址　www.rkcbs.net
电子信箱　rkcbs@126.com
总编室电话　（010）83519392
发行部电话　（010）83514662
传　　真　（010）83519401
地　　址　北京市西城区广安门南街80号中加大厦
邮　　编　100054

序言

由中国人口出版社出版发行的《易学易做》系列丛书，今天终于与读者见面了……

我们在每次享受美食时，其实都在传递一种感官、心灵和舌尖上的感受，每一次与美食的交融，都会充满对最新“食”尚烹饪的憧憬与爱恋。《易学易做》系列丛书中的许多菜品，将会满足读者对饮食文化理念的渴求，引领美食爱好者徜徉在美食的天地，去领悟“民以食为天”的奥妙。

有选择，必然有所放弃——这让“食”尚烹饪也更具挑战性。《易学易做》系列丛书倡导绿色健康饮食，拒烹野生动物，菜品制作过程中不使用味精、食品添加剂。倡导在日常生活中低盐少油，多食用素食，这就是我们名厨大师终极的价值选择。当然，也值得我们把这件简单中却孕育着生命真谛的事情，当成使命去用心做好。

在这里，我们更愿意用心去描绘烹饪技艺，记录芸芸众生的油、盐、酱、醋、茶，烹饪的百种滋味，所思所想技艺根底。在这里，人们将生活的苦辣酸辛，在学习、烹饪、享受美食中得以暂时的憩息，名厨大师掌勺人的“食”尚和智慧，因此得以成长……

人们都期望成为名厨，每个人都能以饱满的热情、澎湃的激情地去面对生活，善待生命。我们期望，通过《易学易做》这十本书，使初学中餐的美食爱好者更多地感悟中华美食的魅力，感受生活的美好，停靠于一个属于自己的温馨宁静的港湾，

我会用最前沿的“食”尚理念、名厨大师的烹调风范来为您服务，我们会用最理想的烹饪技艺来提升您对味道的理解与感受……

本套书在编写制作过程中，得到了青岛圣地亚哥大酒店味道菜馆创意总监王清强、摄影师李爱刚、青岛宇德文化传播有限公司、中国人口出版社编辑老师们的支持鼓励，审稿指导，在此表示忠心感谢！

我最愿意做您，最最忠实的朋友！

中国烹饪大师　国家餐饮业一级评委

郈吉和

Contents
目录

跟我学做豆浆果汁

解析豆浆的营养 2
常喝豆浆好处多 4
豆浆的营养优势 6

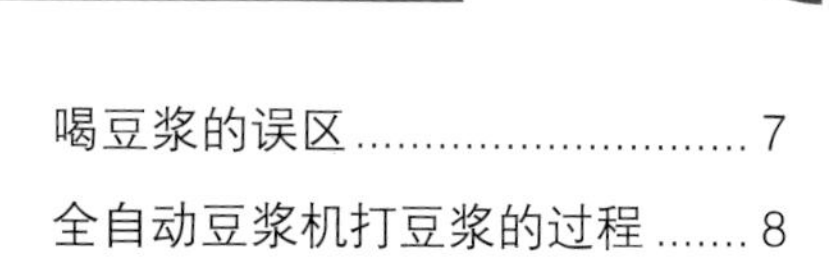

喝豆浆的误区 7
全自动豆浆机打豆浆的过程 8
新鲜水果巧挑选 10

养生豆浆篇

黄豆浆.................................... 14
黄豆牛奶豆浆.......................... 15
饴糖补虚豆浆.......................... 16
益智豆浆 17
“三加一”健康豆浆 18
消暑二豆饮............................. 19
十谷香甜 20
五豆豆浆 21
红枣枸杞豆浆.......................... 22
枸杞豆浆 24
红枣绿豆豆浆.......................... 25
红枣莲子浆............................. 26
花生牛奶豆浆.......................... 28
花生豆浆 29
芝麻黑豆浆............................. 30
大米黑豆浆............................. 31

蜜汁瓜饮 102
苹果鲜藕汁 104
苹果葡萄汁 105
草莓柠檬汁 106
美肤柠檬汁 107
木瓜草莓汁 108
小米龙眼红糖汁 109
葡萄梨奶汁 110
红萝卜苹果汁 112
健康果菜汁 113
番茄小黄瓜汁 114
番茄萝卜蜜糖汁 115
红薯雪梨胡萝卜汁 116
马铃薯苹果汁 117
苹果高丽菜汁 118
柚子芹菜汁 119
白菜苹果草莓汁 120

柳橙果蔬汁 121
解酒果蔬汁 122
甘蓝果蔬汁 123
酸梅汁 124
青苹果青椒汁 125
菠萝柠檬汁 126
三汁蜂蜜饮 127
苹果绿茶汁 128
杏仁奶茶汁 129
养颜核桃杏仁露 130
雪梨银耳蜜汁 132
荸荠蜜奶汁 133
酸奶香蕉汁 134
雪梨番茄汁 135
红糖姜茶 136

milk
milk

跟我学做豆浆果汁

祝·您·成·为·美·食·专·家

Gen Wo XueZuo DouJiang GuoZhi

解析豆浆的营养

《本草纲目》记载，豆浆“利水下气，制诸风热，解诸毒。”《延年秘录》上也记载豆浆“长肌肤，益颜色，填骨髓，加气力，补虚能食。”豆浆是以大豆为主原料，加水磨成浆后制成的饮品。中医理论认为，豆浆性平味甘，滋阴润燥，常饮豆浆，对身体大有裨益。

大豆卵磷脂——天然脑黄金

大豆卵磷脂是从大豆中提取的精华物质。卵磷脂能为大脑神经细胞提供充分的养料，使脑神经之间的信息传递速度加快，从而能够提高大脑活力，消除大脑疲劳。

优质大豆蛋白——稳定血脂

大豆蛋白是最好的植物性优质蛋白质，因其几乎不含胆固醇和饱和脂肪酸，故成为高血脂人群的选择。

矿物质——不可缺少的营养素

大豆中含有钾、钠、钙、镁等多种矿物质，将大豆制成豆浆，可以最大限度地保留这些矿物质，故豆浆成为骨质疏松人群和缺铁性贫血人群的营养佳品。

皂素——癌症的克星

皂素不仅可以提高人体免疫力、延缓衰老，还对多种癌细胞有抑制的作用。

大豆低聚糖——“富贵病”患者的福音

大豆低聚糖具有通便洁肠、降低血清胆固醇和保护肝脏的作用。常喝豆浆可以进行“肠内洗涤”，缓解和治疗便秘、腹泻等病症。

大豆膳食纤维——人体必需的第七大营养素

大豆膳食纤维包括纤维素、果胶质、木聚糖、甘露糖等。膳食纤维尽管不能为人体提供任何营养物质，但对人体却有重要的作用。

不饱和脂肪酸——人体必需的脂肪酸

人类生存需要两种脂肪酸，一种是饱和脂肪酸，一种是不饱和脂肪酸。饱和脂肪酸可富含在动物性食物中，因其可升高胆固醇，故不宜过多摄入。不饱和脂肪酸是一种较为健康的脂肪酸，具有降低血液黏稠度、降低胆固醇、改善血液微循环、保护脑血管、增强记忆力和思维能力的功效，能预防血脂异常、高血压、糖尿病、动脉粥样硬化、风湿病、心脑血管疾病等。

常喝豆浆好处多

鲜豆浆被我国营养学家推荐为防治高血脂、高血压、动脉硬化等疾病的健康饮品。饮用鲜豆浆可防治缺铁性贫血。豆浆对于贫血病人的调养，比牛奶作用更强。以喝热豆浆的方式补充植物蛋白，可以使人的抗病能力增强，从而达到抗癌和保健作用。长期坚持饮用豆浆还能预防哮喘病。

保护心脑血管

作为日常饮品，豆浆中含有大豆皂糖苷、异黄酮、大豆低聚糖等具有显著保健功能的保健因子。多喝鲜豆浆可预防老年痴呆症的发生，可维持正常的营养平衡，全面调节内分泌系统，降低血压、血脂，减轻心血负担，增加心脏活力，优化血液循环，保护心血管，并有平补肝肾、抗癌、增强免疫力等功效，所以有科学家称豆浆为“心血管保健液”。

防治癌症

豆浆中所含的蛋白质和硒、钼等有很强的抑癌功能。

稳定血糖

糖尿病大多是由于长期不科学的饮食造成的，不当饮食会影响镁、磷、铜、锌、铬、钴、锗等元素的吸收，最终导致糖尿病。最近国外有学者研究证实，豆浆是最适合糖尿病患者食用的饮品，因为豆浆中的水溶性纤维有助于控制血糖。

养颜美肤

科学研究认为，女性青春的流逝与雌激素的减少密切相关。鲜豆浆除了含有植物雌激素以外，还含有大豆蛋白、异黄酮、卵磷脂等物质，对某些癌症（如乳腺癌、子宫癌等）有一定的预防作用，是一味天然的雌激素补充剂。同时，豆浆还含有一种牛奶所没有的植物雌激素黄豆苷原，该物质可调节女性分泌系统的功能。每天喝 300 ~ 500 毫升鲜豆浆，可明显改善女性心态和身体素质，延缓皮肤衰老，达到养颜美容之目的。

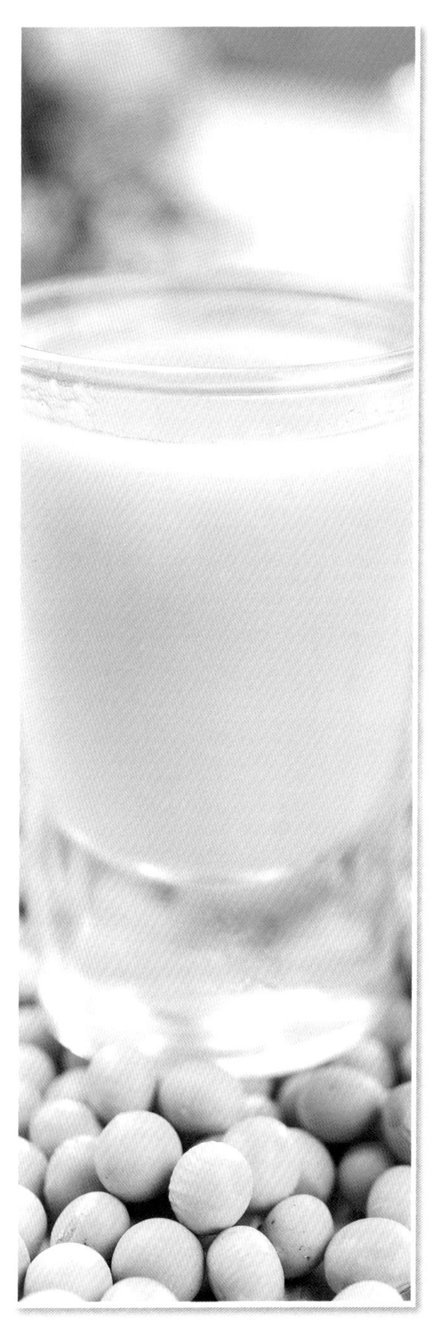

豆浆的营养优势

豆浆是一种营养价值极高的日常营养饮品，具因营养价值完全可以和牛奶相媲美，而养生保健价值更胜一筹，大豆皂苷、异黄酮、卵磷脂等特殊的保健因子营养价值很高，可以说，豆浆是“心脑血管保健液”。

豆浆的五大优势：

1. 豆浆中含植物性保健成分，包括大豆异黄酮、大豆皂苷、大豆多糖、大豆低聚糖，以及其他多酚类物质等。这些成分对于预防多种慢性疾病均有帮助。

2. 豆浆中含维生素E和不饱和脂肪酸，饱和脂肪酸含量低，不含有胆固醇。

3. 豆浆中含有膳食纤维。豆浆中以可溶性纤维为主，豆渣中有大量不可溶纤维。

4. 豆浆热量偏低，豆浆蛋白质和脂肪含量的比例为2:1，而牛奶中二者比例是1:1。

5. 豆浆作为植物性食品，大豆的污染危险相对于动物性食品要小得多。

喝豆浆的误区

早晨空腹喝豆浆

建议：如果空腹饮豆浆，豆浆里的蛋白质大都会在人体内转化为热量而被消耗掉，营养就会大打折扣，因此，饮豆浆时最好吃些面包、馒头等淀粉类食品。另外,喝完豆浆后还应吃些水果，因为豆浆含铁量较高，配以水果可以促进人体对铁的吸收。

豆浆营养丰富，人人都适宜

建议：豆浆性平偏寒，因此饮后常有反胃、呃逆、腹泻、腹胀等反应的人，以及夜间尿频、遗精的人,均不宜饮用豆浆。另外，豆浆中的嘌呤含量高，痛风病人也不宜饮用。胃寒、肾结石患者、乳腺高发人群和贫血的人也不宜长期喝豆浆。

往豆浆里加个鸡蛋更有营养

建议：不要将豆浆与鸡蛋同食。因为豆浆中有胰蛋白酶抑制物，能抑制蛋白质的消化，降低鸡蛋营养的价值。

豆浆中可以加蜂蜜、红糖进行调味

建议：蜂蜜、红糖中都有有机酸，加入到豆浆中时，有机酸与蛋白质会结合产生变性沉淀，不能被人体吸收。豆浆中加白糖较好，加冰糖则更胜一筹。

豆浆可以用保温瓶储存

建议：不要用保温瓶储存豆浆。豆浆装在保温瓶内，会使瓶子里的细菌在温度适宜的条件下，将豆浆作为养料而大量繁殖，经过3～4个小时就会让豆浆酸败变质。

全自动豆浆机打豆浆的过程

1. 挑选好豆

色泽：具有该品种固有的色泽，如黄豆为黄色，黑豆为黑色等，鲜艳有光泽的是好大豆；若色泽暗淡，无光泽为劣质大豆。

质地：颗粒饱满且整齐均匀，无破瓣，无缺损，无害虫，无霉变，无挂丝的为好大豆；颗粒瘦瘪，不完整，大小不一，有破瓣，有虫蛀，霉变的为劣质大豆。

干湿度：牙咬豆粒，发音清脆成碎粒，说明大豆干燥；若发音不清脆，则说明大豆潮湿。

香味：优质大豆具有正常的香气和口味，有酸味或霉味者质量次。

2. 浸泡黄豆

制作豆浆前要用清水将黄豆洗净，再将其充分浸泡，使豆质软化，经粉碎、过滤及充分加热，能提高黄豆中营养的消化吸收率。干黄豆一般用清水浸泡 6 ~ 10 小时，就能泡得比较充分。

3. 加料

将泡好的豆子清洗一遍，并将洗干净的其他配料倒入豆浆机杯体内。

4. 加水

往豆浆杯体内倒入纯净水或自来水，水位严格控制在上下水位线之间。

5. 安装机头

将机头放入杯体中，扣好。将电源插头在机体上，电源指示灯亮。

6. 选择打浆键

按照使用说明选择所需的功能，相应指示灯亮。按下“开始”。

7. 动机器

豆浆机开始工作，20 分钟左右豆浆机提示音响起，提示豆浆打好。

8. 做好清洗

为了不让豆渣沾在豆浆机表面，最好在刚做完豆浆后就把豆浆机清洗干净。清洗时可用软布将豆浆机的杯身、机头及刀片上的豆渣清洗干净，然后用一个软毛刷子刷洗掉缝隙中的豆渣即可。清洗时千万不能将机头浸泡在水中或用水直接冲淋机头的上半部分，以免受潮短路，使豆浆机无法正常使用。

9. 保存豆浆

做好的豆浆最好一次喝完，喝剩下的要倒入密闭的容器中，或用保鲜膜包好，放入冰箱冷藏，饮用时需重新煮沸。放入冰箱冷藏的豆浆也应尽快喝完，存放时间过长同样易变质。

新鲜水果巧挑选

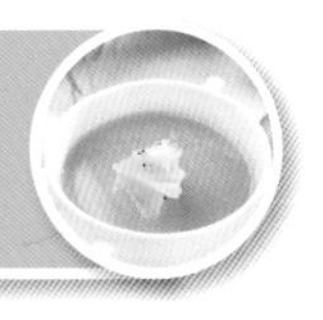

苹果

具有清理肠道的功效。

以果皮呈均匀的亮红色，无病虫害、腐烂、压伤者为佳。

柳橙

又名柳丁，可预防感冒、恢复皮肤弹性、防止高血压及心血管疾病。

以果皮细滑、果实饱满、外皮呈均匀的金黄色、没有黑点或软硬不一、手握时有弹性者为佳。

柠檬

有解暑安胎、开胃消食、生津止渴的功效。还可软化角质，美白肌肤。

以果肉丰满、果皮光滑、无虫咬、皮薄、果实有重量感者为佳。

葡萄柚

具有防癌、抗老化、增强免疫力的功效。

以果肉丰满、果皮光滑、无虫咬、皮薄，且果实有重量感者为佳。

草莓

可对抗吸烟时产生的致癌物。

以果肉大、呈圆三角锥形、闻起来味道香浓甜美、色泽鲜艳者为佳。

哈密瓜

具有安神、助睡眠、防止血管硬化、抗肠癌的功效。

以网纹明显、立体者为佳。轻按底部的圆圈，感觉柔软均匀，闻起来又有哈密瓜的香气,就是已成熟的瓜。

西瓜

具有生津止渴、清热解毒、利尿开胃的功效、可降血压、预防泌尿系统方面的疾病。

以果型完整者为佳，表皮的条纹越鲜明、越散开，说明越好；此外若用手拍打，以有振动感觉者为佳。

葡萄

能助消化、消除疲劳、辅助治疗贫血、调节心率、净化身体。

以果肉硕大、结实、有弹性、果皮表面有白色果粉者为佳。

香蕉

有益消化，因含有一种特殊的氨基酸，可解除忧郁，缓解压力。

香蕉皮上开始出现黑点时味道

最浓，也最好吃。

猕猴桃

有美容养颜的功效，可预防感冒、心脏病、白内障，具有抗癌作用，有益消化及帮助铁质吸收。

以果肉饱满、捏上去感觉较软者为佳。

菠萝

是良好的开胃剂，有利于消化，可抗肠癌。

宜挑选外皮呈金黄色、拿起时有沉重感、鳞目凸显、手指弹打时声音饱满者。若是买已削皮的菠萝，应尽量选购果肉呈金黄色且无酒馊味的。

樱桃

颜色越黑，营养价值越高，能预防龋齿。

果皮硬挺、有韧性且有光泽者为佳。

芒果

具有抗癌及美容的功效，可预防心脏病及高血压。

外皮有黑斑者即表明已熟透，且香味十足，最为甜美。若尚未成熟，可将其置于室温下数日，待其成熟再食。

番石榴

可预防糖尿病。

以果实完整、富有光泽者为佳。

木瓜

可助消化，辅助治疗消化性溃疡，防治坏血症、心血管疾病等，还可美白肌肤。

以外表有鲜花色条状，且没有压伤、斑点、过熟、软烂者为最佳。

火龙果

状似龙喷火，富含维生素C。

以果皮光滑、富含水分者为佳。

梨

能呵护心脏、血管，调节血压正常，还可去除体内毒素及废物。

以果实完整、结实，无病虫害、腐烂、压伤者为佳。

养生豆浆篇

豆·浆·果·汁·鲜·美·味

YangSheng DouJiang Pian

黄豆浆

原料 黄豆85克，水1300毫升，白糖适量

做法

1. 将黄豆洗净，放入水中浸泡一晚。
2. 将泡好的黄豆同水一起放入豆浆机中打成豆浆煮开，加白糖饮用。

黄豆牛奶豆浆

原料 黄豆100克，牛奶200毫升，白糖适量

做法

1. 将黄豆用清水浸泡至软后洗净。
2. 把泡好的黄豆倒入全自动豆浆机中，加适量水煮成豆浆。
3. 加入白糖调味，待豆浆晾至温热时，倒入牛奶搅拌均匀即可。

饴糖补虚豆浆

原料 黄豆100克，饴糖50克

做法

1. 将黄豆加入清水浸泡至发软，捞出洗净。
2. 将泡好的黄豆放入全自动豆浆机中，加入水煮成豆浆。
3. 将豆浆过滤，放入饴糖搅匀即可。

益智豆浆

原料 黄豆55克，核桃仁10克，黑芝麻5克

做法

1. 将黄豆浸泡6至16小时。
2. 将泡好的黄豆与核桃仁、黑芝麻一起装入豆浆机网罩中，杯体内加入足量清水，启动机器，10分钟后豆浆煮熟即可。

“三加一”健康豆浆

原料 青豆40克，黄豆20克，绿豆15克，白糖适量

做法

1. 将青豆、黄豆、绿豆浸泡6至16小时。
2. 将泡好的青豆、黄豆、绿豆放入豆浆机网罩中，杯体中加入清水和白糖，启动机器，10分钟后豆浆煮熟即可。

原料 黄豆45克，绿豆30克，白糖50克

做法

1. 将黄豆、绿豆浸泡6至16小时。
2. 将泡好的二豆装入豆浆机网罩中，杯体中加入清水，启动机器，10分钟后豆浆煮熟。
3. 趁热往杯体内加入白糖，调匀即可，不愿喝甜的也可不加糖。

十谷香甜

原料 青豆20克，红豆20克，毛豆10克，糙米10克，黄豆20克，花生20克，黑豆10克， 豌豆10克，芝麻5克， 绿豆20克，白糖适量

做法

1. 将原料提前浸泡一天，泡至发软，洗净。
2. 将原料放入豆浆机内，加水打成豆浆。
3. 将打好的豆浆过滤，煮开，加白糖调匀即可。

五豆豆浆

原料 黄豆30克，黑豆10克，青豆10克，豌豆10克，花生米10克

做法

1. 将五种豆子浸泡6至16小时，备用。
2. 将浸泡好的五豆装入豆浆机网罩中，杯体内加入清水，启动豆浆机，10分钟后豆浆煮熟即可。

增强免疫力饮品

◎养生常识

“免疫”一词，最早见于中国明代医书《免疫类方》，指的是“免除疫疠”，也就是防止传染病的意思。增强免疫力，最重要的是要保证营养充足及均衡，所以每餐食物荤素搭配要适当，并且要多样化，否则易造成营养的偏废。

◎饮食指导

饮食适量，不能暴饮暴食。要多喝水，多吃一些高蛋白类的食品，因为蛋白质是构成白细胞和免疫球蛋白（抗体）的主要成分。营养素中以维生素C、维生素B_6、β－胡萝卜素和维生素E与免疫力关系最为密切。提倡多吃素食，减少甜食的摄入量，尽量少吃油腻的食物，忌烟酒。

◎推荐食物

银耳、百合、芦荟、酸奶、蓝莓、山楂、沙棘、红薯、茶、黄豆及豆制品、鸡汤、牛肉、姜、大蒜、海鲜、螺旋藻。

红枣枸杞豆浆

原料 黄豆45克，红枣15克，枸杞10克

做法

1. 将黄豆浸泡6至16小时。
2. 将红枣洗净去核；枸杞洗净备用。
3. 将泡好的黄豆、红枣和洗净的枸杞装入豆浆机网罩内，杯体内加入清水，启动豆浆机，10分钟豆浆煮熟即可。

枸杞豆浆

原料 黄豆60克，枸杞10克

做法

1. 将黄豆浸泡6至16小时；枸杞洗净备用。
2. 将泡好的黄豆和枸杞装入豆浆机网罩内，杯体内加入清水，启动豆浆机，10分钟豆浆煮熟即可。

红枣绿豆豆浆

原料 红枣（去核）15克，绿豆20克，黄豆40克，白糖50克

做法

1. 将绿豆、黄豆浸泡6至16小时。
2. 将红枣洗净，与绿豆、黄豆一并放入豆浆机网罩中，杯体中加入清水，启动机器，10分钟后豆浆煮熟。
3. 趁热往杯体内加入白糖，搅匀即可。

养心护心饮品

◎养生常识

中医认为春夏当养阳，养阳重在养心。应多食用清心安神、滋阴清热的食品，以缓解心神不宁、心悸失眠、精神疲怠和心慌气短的症状。现代越来越多的研究也证实，心血管疾病与饮食关系密切。

西医认为“护心”食物均含有大量纤维素及抗氧化物，可以降低胆固醇、防止血液凝结，达到保护心血管的效果。

◎饮食指导

宜食甘酸清润，避免吃得太饱。不宜吃高脂肪、高胆固醇、高盐的食物，不宜饮用过浓的茶或咖啡。忌烟酒。

◎推荐食物

鱼类、豆类、谷物、芝麻、蜂蜜、龙眼、葡萄柚、花生、莲子、百合、山楂、洋葱、猪心、苦瓜、芹菜、木耳、南瓜、海带、西红柿、菠菜、藏红花。

Juice

红枣莲子浆

原料 红枣（去核）15克，莲子肉15克，黄豆50克，白糖50克

做法

1. 将黄豆浸泡6至16小时。
2. 将莲子肉泡至发软。
3. 将红枣洗净，与莲子肉、黄豆一并装入豆浆机网罩内，杯体内加入清水，启动豆浆机，10分钟后豆浆煮熟。
4. 趁热往杯体内加入白糖，搅匀即可。

花生牛奶豆浆

原料 黄豆45克，花生45克，牛奶200克

做法

1. 将黄豆洗净，浸泡一晚。
2. 将花生洗净，泡透去皮。
3. 将泡好的黄豆、花生、水、牛奶放入豆浆机内打成豆浆，煮开即可。

大厨支招

袋装牛奶不宜长时间浸泡在热水中加热，这样会破坏牛奶中的营养成分。且高温下塑料袋中的化学成分还易分解，产生对人体有害的物质。

花生豆浆

原料 花生30克，黄豆40克

做法

1. 将黄豆、花生浸泡6至16小时，备用。
2. 将泡好的黄豆和花生装入豆浆机网罩内，将清水装入杯体，启动豆浆机，10分钟后即可。

芝麻黑豆豆浆

原料 黑芝麻10克，花生10克，黑豆80克

做法

1. 将黑豆洗净浸泡6~16小时，黑芝麻洗净。
2. 将花生泡透去皮。
3. 将泡好的原料放入豆浆机内打成豆浆，煮开即可。

大米黑豆浆

原料 黑豆100克，大米50克，白糖适量

做法

1. 黑豆和大米洗净，放碗中加温水浸泡回软。
2. 将泡好的黑豆和大米放入豆浆机中，加适量清水打成浆，加热煮开，调入白糖搅匀即可。

蜂蜜黑芝麻豆浆

原料 蜂蜜30克，黑芝麻20克，黄豆60克

做法

1. 将黄豆浸泡6至16小时，备用。
2. 将泡好的黄豆与黑芝麻一起装入豆浆机网罩内，杯体内加入清水，启动豆浆机，10分钟后豆浆煮熟，稍凉后加入蜂蜜即可。

香浓松仁豆浆

原料 黄豆100克，牛奶50克，松子仁30克，蜂蜜适量

做法

1. 将黄豆洗净，放入温水中浸泡回软。
2. 把泡好的黄豆放入豆浆机中，放入牛奶、松子仁打成浆，加热煮开，调入蜂蜜搅匀即可。

咳嗽调理饮品

◎病情概述

咳嗽是人体清除呼吸道内的分泌物或异物的保护性呼吸反射动作，但剧烈的长期的咳嗽却可导致呼吸道出血。因此，要正确区分一般咳嗽和咳嗽变异性哮喘，防止误诊。治疗咳嗽应区分咳嗽类型，西药、中药皆可，但以食疗为最佳。

◎饮食指导

注意饮食的均衡和协调，尽量多食富含维生素C的水果和蔬菜，如苹果、香橙、西红柿等。平时要注意多饮水，帮助体内进行排毒，让身体各个系统运行顺畅。此外，外感型风寒咳嗽忌吃生冷、黏糯、油腻之物；风热型咳嗽忌吃辛辣黏滋补益之品；肺燥型咳嗽忌吃香辣、煎炸、温热、辛辣的食物，戒烟酒等。

◎推荐食物

冰糖、梨、川贝、陈皮、无花果、薄荷、胖大海、枇杷、西瓜、鸭蛋、金银花、蜂蜜、甘蔗、橄榄、鸭肉、银耳、荠菜。

豆浆冰糖米粥

原料 黄豆85克，大米50克，冰糖50克

做法

1. 将黄豆洗净浸泡一晚，捞出，放入豆浆机内打成豆浆。
2. 将大米洗净浸泡半小时。
3. 将豆浆、大米、冰糖、水一起放入锅中，慢火熬煮至黏稠即可。

强身补肾饮品

◎养生常识

中医认为，肾具有主司摄藏、主藏精、主生长发育和生殖、主水液化谢的功能。肾主骨，齿是骨之余，是骨头的余气，所以人的肾气减弱会导致牙齿松动。牙齿里的经络和肾经是相通的，只要坚固牙齿，就可以对肾起一个反固的作用，强健肾脏。肾主咸，多吃点咸味食品有助于滋肾。肾主水，其色黑，所以应多吃黑色食品。

◎饮食指导

补肾宜多吃一些性味平和或性温的、具有滋阴补肾功效的食物，如黑米、黑芝麻等。常食豆类及豆制品对强身补肾有良好效果。补肾还宜适当增加盐的摄入量，但忌食辛辣刺激、热性及油炸食物。

◎推荐食物

山药、芡实、白果、核桃、豇豆、韭菜、荔枝、龙眼干、黑豆、黑芝麻、海参、壳菜、干贝、香菇、荷叶、蚕蛹、鸡肉、腰花。

Juice

豆浆花生糊

原料 大米50克，黑芝麻20克，花生20颗，豆浆200克，白糖适量

做法

1. 大米淘洗干净，在清水中浸泡1小时左右。
2. 将浸泡好的大米放入锅中，倒入两杯水进行焖煮。
3. 将黑芝麻和花生放入搅拌机中，加工成粉末状。
4. 待大米煮烂，加入牛奶、花生粉、芝麻粉、豆浆，调小火，边煮边将所有材料搅拌均匀，15分钟后关火，加白糖调味即可。

黄豆黄芪大米豆浆

原料 黄豆60克，黄芪25克，大米20克，蜂蜜适量

做法

1. 将黄豆用清水浸泡至软，洗净；大米淘洗干净；黄芪洗净，煎汁备用。
2. 将黄豆、大米一同倒入全自动豆浆机中，淋入黄芪煎汁，再加适量清水煮成豆浆。
3. 将豆浆过滤后晾至温热，加蜂蜜调味即可。

大厨支招

煎黄芪时，可以将其放进砂锅中，加适量水浸泡30分钟，烧开后转小火煎30分钟，去渣取汁。

百合莲子豆浆

原料 百合、莲子肉、银耳各10克，绿豆40克，冰糖50克

做法

1. 将百合、莲子肉用开水浸泡至发软。
2. 将银耳洗净，用温水浸泡至发软，撕成小朵。
3. 将绿豆浸泡6至16小时。
4. 将绿豆、百合、莲子、银耳一并装入豆浆机网罩内，杯体内加入冰糖和适量清水，启动机器，10分钟后豆浆煮熟即可。

百合绿茶绿豆浆

原料 黄豆50克，绿豆6克，绿茶、百合、白糖各适量

做法

1. 将黄豆、绿豆加水泡至发软，捞出洗净；百合洗净。
2. 将黄豆、绿豆、百合一同放入全自动豆浆机中，加适量水煮开，再加入绿茶煮成豆浆。
3. 将豆浆过滤，加入白糖调味即可。

绿豆百合菊花豆浆

原料 绿豆80克，百合30克，菊花10克，冰糖适量

做法

1. 绿豆淘洗干净，用清水浸泡至软；百合泡发，洗净后分瓣；菊花洗净。
2. 将绿豆、百合、菊花、冰糖一同倒入全自动豆浆机中，加入适量水煮成豆浆。

养肝、护肝饮品

◎养生常识

养肝、护肝应在平日多喝水，少饮酒。多吃心肝食物，少食酸味食物，可以防止“肝旺伤脾”。肝脏不好的人秋季不应大量进补，否则会骤然加重脾胃及肝脏的负担，使长期处于疲弱的消化器官不能一下子承受，导致消化器官功能紊乱。

◎饮食指导

养肝、护肝的食物以清淡平和、营养丰富为宜，可以多吃一些性味甘平、温补阳气的食物，忌辛热刺激。同时要避免多吃油腻、油炸、辛辣食物，否则会导致肝脏功能的失调。此外，绿色食品是保肝、养肝的最佳选择，可以促进肝气循环，舒缓肝郁、保护视力。

◎推荐食物

黄瓜、芹菜、花椰菜、海带、菌类、鸭子、甲鱼、葡萄、猕猴桃、香蕉、绿豆。

Juice

绿豆浆

原料 绿豆80克，白糖50克

做法

1. 将绿豆洗净，浸泡6至16小时。
2. 将泡好的绿豆放入豆浆机网罩中，杯体中加入清水，启动机器，10分钟后豆浆煮熟。
3. 趁热往杯体内，加入白糖即可。

干果滋补豆浆

原料 黄豆50克，腰果2克，莲子、栗子、薏米、冰糖各适量

做法

1. 将黄豆、莲子、薏米分别加水泡至软，捞出洗净；腰果洗净，栗子去皮洗净，均泡软；冰糖捣碎。
2. 将泡好的黄豆、腰果、莲子、栗子及薏米一同放入全自动豆浆机，加水煮熟后将豆浆过滤，加入适量冰糖调味即可。

大厨支招

清洗腰果时，可将其放在水龙头下冲洗，以手轻轻搓洗数次，去除其杂质，然后再用水浸泡4~5小时即可。

燕麦豆浆

原料 黄豆50克，燕麦片20克，绿豆15克，白糖适量

做法

1. 黄豆、绿豆浸泡至软后洗净。
2. 将泡好的黄豆、绿豆和燕麦片一同放入全自动豆浆机中，加入适量水煮成豆浆，过滤后加入白糖即可。

清肠排毒饮品

◎养生推荐

由于各种原因，人体内会有淤积的毒素，这些毒素如果长期滞留于体内，对健康和护肤保健都会造成不利影响。要保持健康的体魄和美丽的肌肤，首要任务就是清肠排毒。适量摄取维生素C和维生素E含量高的食物对清肠排毒很有好处。

◎饮食指导

多食用高膳食纤维的蔬菜与五谷杂粮，可以促进肠蠕动，防止便秘，帮助身体及时排出废物和毒素。多吃富含维生素C的绿色蔬菜和柑橘类水果，可以排除体内有害物质，清肠排毒。多吃富含维生素E和B族维生素的食物，对肝脏、肾脏等排毒器官有好处。少吃胆固醇高的食物，少吃加工食品，少喝过甜的饮料。

◎推荐食物

红薯、绿豆、燕麦、小米、大白菜、山药、牛蒡、芦笋、莲藕、白萝卜、茼蒿、草莓、柠檬、西梅、蜂蜜、香蕉、酸奶。

燕麦糙米豆浆

原料 黄豆45克，燕麦片20克，糙米15克

做法

1. 将黄豆用清水浸泡至软后洗净；糙米淘洗干净，用清水浸泡2小时。
2. 将燕麦片和泡好的黄豆、糙米一同倒入全自动豆浆机中，加入适量水煮成豆浆即可。

核桃燕麦豆浆

原料 黄豆60克，核桃仁20克，燕麦片15克

做法

1. 将黄豆用清水浸泡至软后洗净；核桃仁切小块。
2. 将泡好的黄豆和核桃仁块、燕麦片一同放入全自动豆浆机中，加适量水煮成豆浆即可。

小麦仁黄豆浆

原料 黄豆30克，小麦仁20克

做法

1. 将黄豆用清水浸泡至软后洗净；小麦仁洗净。
2. 将小麦仁和泡好的黄豆一同放入全自动豆浆机中，加入适量水煮成豆浆即可。

选购小麦仁时，不宜选用磨得过于精细的，因为这会损失大量维生素、无机盐等营养素。

薏米红绿豆浆

原料 绿豆30克，红豆30克，薏米30克

做法

1. 薏米淘洗干净，用清水浸泡2小时；绿豆、红豆分别淘洗干净，用清水浸泡至软。
2. 将泡好的红豆、绿豆、薏米一同倒入全自动豆浆机中，加入适量水煮成豆浆即可。

大厨支招 选购薏米以选粒大完整、结实，杂质及粉屑少为佳。有黑点者为次。

黑豆蜂蜜豆浆

原料 黄豆50克，黑豆20克，黑米20克，蜂蜜适量

做法

1. 将黄豆、黑豆分别浸泡至软后洗净；黑米淘洗干净，浸泡2小时。
2. 把黑米和泡好的黄豆、黑豆一同倒入全自动豆浆机中，加入适量水煮成豆浆，晾至温热，加入蜂蜜调味即可。

养发护发乌发饮品

◎养生常识

饮食一旦出了问题，如偏食、营养不良、节食等，就会使头发难以呈现健康的色泽。人人都想拥有一头乌黑、亮丽、有弹性的头发，因此，日常饮食的均衡相当重要，应多吃富含蛋白质和维生素A、维生素E的食品。血液是头发营养的主要来源，当血液中的酸碱度外子平衡状态时，头发自然健康润泽。血液若呈现酸性就会易生头屑，故平日应多摄取一些新鲜水果来平衡血液的酸碱度。若有白发或脱发的情况发生，应多补充含锌的食物。

◎饮食指导

宜食含碘高的食物，含黏蛋白的骨胶质多的食物，宜补充植物蛋白，多食碱性物质、维生素E丰富的食物，并补充铁质。忌油腻。燥热食物，忌过食含糖和脂肪丰富的食物，忌烟、酒及辛辣刺激食物。

◎推荐食物

姜、何首乌、黑芝麻、花生、陈醋、海带、紫菜、黑豆、南瓜、胡萝卜、菠萝、芒果、大豆、牡蛎、鲫鱼。

Juice

黑豆营养豆浆

原料 黑豆100克，白糖适量

做法

1. 将黑豆加水泡至发软，捞出洗净。
2. 将泡好的黑豆放入全自动豆浆机中，加适量水煮成豆浆。
3. 将豆浆过滤，加入适量白糖调味即可。

祛湿热饮品

◎养生常识

祛湿热的药物大都是寒性的，不能久服，所以要养成良好的生活习惯。忌讳熬夜，因为熬夜伤肝胆，非常影响肝胆之气的升发，还会增加湿热。脾虚湿困时，应健脾去湿。把多余的水分排出体外（利尿），或者减少，而温补脾胃是解除湿困的最好途径。应避免吃厚味食品，多吃一些祛湿利水的食物。

◎饮食指导

饮食上注意清淡祛湿，多食甜，少食酸，少吃热带水果，少食肥甘厚味。辛辣刺激的食物也要少吃。一定不要饮酒，因为酒的湿热之性是最大的。

◎推荐食物

谷物、冬瓜、南瓜、扁豆、红豆、山药、牛蒡、茼蒿、莴笋、薏米、鲤鱼、鲫鱼、胡萝卜、山药、莲子、芡实、猪肚、鸭子、玉米、苹果、甜瓜。

Juice

红豆养颜豆浆

原料 红豆100克，白糖适量

做法

1. 将红豆加适量水泡至发软，捞出洗净。
2. 将泡好的红豆放入全自动豆浆机中，加适量水煮成豆浆。
3. 将豆浆过滤，加入适量白糖调味即可。

红豆经长时间浸泡会褪色，用来煮豆浆时颜色看起来会更红一些，但不影响食用效果。

青豆开胃豆浆

原料 青豆80克，白糖适量

做法

1. 将青豆用清水浸泡至软，洗净。
2. 将泡好的青豆放入全自动豆浆机中，加适量水煮成豆浆。
3. 将豆浆过滤，加入适量白糖调味即可。

大厨支招

在挑选青豆时，宜选个大、颜色鲜艳的。青豆浸泡后不会掉色，青豆里的芽瓣应是黄色的。

豌豆润肠豆浆

原料 豌豆80克，白糖适量

做法

1. 将豌豆用清水浸泡至软后洗净。
2. 将泡好的豌豆放入全自动豆浆机中，加适量水煮成豆浆。
3. 将豆浆过滤，加入适量白糖调味即可。

中暑调理饮品

◎病情概述

中暑的先兆表现为高温环境下，出现头痛头晕、口渴多汗、四肢无力等症状。轻症中暑者体温往往在38度以上。除头晕、口渴外，往往有面色潮红、大量出汗、皮肤灼热等表现，或出现四肢湿冷、面色苍白、血压下降、脉搏增快等。重症中暑者有明显脱水征，剧烈头痛，恶心呕吐。除以上表现外，还可能发生阵发性的肌肉痉挛导致的疼痛。还有的人心跳加速、伴有低血压或晕厥。

◎饮食指导

多饮水，但要注意少喝凉水。不能避免在高温环境中工作的人，应适当补充含有钾、镁等元素的食品和饮料。中暑后，忌大量饮水，忌大量食用生冷瓜果，忌吃大量油腻食物，忌单纯进补。

◎推荐食物

绿豆、生菜、海带、冬瓜、荷叶、黄瓜、西红柿、西瓜、甜瓜、桃子、杨梅、金银花。

Juice

绿豆红薯豆浆

原料 黄豆40克，红薯30克，绿豆20克

做法

1. 将黄豆、绿豆分别用清水浸泡至软后洗净；红薯去皮洗净，切碎后煮熟，备用。
2. 将黄豆、绿豆、红薯一同倒入全自动豆浆机中，加入适量水后煮成豆浆即可。

蒲公英小米绿豆浆

原料 绿豆60克，小米20克，蒲公英20克，蜂蜜适量

做法

1. 绿豆淘洗干净，用清水浸泡至软，洗净；小米淘洗干净，用清水浸泡2小时；蒲公英煎汁。
2. 将小米和泡好的绿豆一同倒入全自动豆浆机中，淋入蒲公英煎汁，再加适量水煮成豆浆。
3. 将豆浆过滤后晾至温热，加蜂蜜调味即可。

玫瑰花油菜黑豆浆

原料 黄豆50克，黑豆25克，油菜20克，玫瑰花适量

做法

1. 将黄豆、黑豆分别用清水浸泡至软，洗净；玫瑰花洗净，用水泡开，切末；油菜择洗干净，切末。
2. 将黄豆、黑豆、玫瑰花末、油菜末一同倒入全自动豆浆机中，加入适量水煮成豆浆即可。

提神抗疲劳饮品

◎养生常识

过度疲劳是百病之源，疲劳由环境偏酸造成，多食碱性食物能中和酸性环境，增加耐受力，消除疲劳。适当饮用一些茶水、喝咖啡、吃巧克力可以缓解疲劳。摄取高蛋白食物可以补充热量缓解 的疲劳。

◎饮食指导

疲倦代表人体缺水，所以一定要多喝水，如果不喜欢白水可以加一点橙汁或柠檬汁，提神效果更好。多摄入富含镁的食物，保持能量。选择全谷物食品，有助于保持情绪稳定。可以喝咖啡和茶，但注意不要过度饮用，以免扰乱内分泌。少吃酸性的食物。

◎推荐食物

人参、银耳、鲜枣、橘柑、橙子、柠檬、番茄、土豆、山药、肉类、动物肝脏、乳制品、豌豆、豆腐、红薯、禽蛋、燕麦片、菠菜、莴苣。

Juice

柠檬花生紫米豆浆

原料 黄豆浆200毫升，柠檬1/2个，紫米50克，花生10克，冰糖少许

做法

1. 将紫米洗净后浸泡3小时；柠檬洗净，用果汁机打成汁。
2. 将泡好的紫米和花生、黄豆浆一同放入全自动豆浆机中，加入适量水煮成豆浆。
3. 趁热加入冰糖拌匀，并滴入柠檬汁即可。

紫米含纯天然营养色素和色氨酸，浸泡时会出现掉色现象，因此不宜用力搓洗。需要注意的是，浸泡后的红色水也宜同紫米一起做豆浆。

鲜山药黄豆浆

原料 黄豆50克，鲜山药30克

做法

1. 黄豆用清水洗净，浸泡至软，洗净；鲜山药切成小丁。
2. 将泡好的黄豆与鲜山药丁一同放入全自动豆浆机中，加入适量水煮成豆浆即可。

原料 绿豆50克，黄豆50克，大米、薄荷叶、白糖各适量

做法

1. 将黄豆、绿豆和大米分别用清水浸泡至软后洗净；薄荷叶洗净，切碎。
2. 将泡好的黄豆、绿豆、大米及薄荷叶碎一同放入全自动豆浆机中，加入适量水煮成豆浆。
3. 将豆浆过滤，加入白糖调味。

红枣山药绿豆浆

原料 红枣50克，绿豆50克，黄豆50克，山药20克，白糖适量

做法

1. 将绿豆、黄豆分别洗净，浸泡至发软；红枣洗净去核，加温水浸泡；山药去皮，切片。
2. 将泡好的绿豆、黄豆与红枣、山药一同放入全自动豆浆机中，加入适量水煮成豆浆。
3. 将豆浆过滤，加入适量白糖调味即可。

杏仁槐花豆浆

原料 黄豆40克，新鲜杏仁5克，槐花3朵，蜂蜜适量

做法

1. 将黄豆用清水浸泡至软后洗净；槐花掰成小瓣；杏仁洗净。
2. 将泡好的黄豆和新鲜的杏仁倒入全自动豆浆机中，加入水煮成豆浆。
3. 将槐花瓣和蜂蜜一同放入做好的豆浆中搅匀即可。

失眠调理饮品

◎病情概述

世界卫生组织研究显示，现在全球约有1/4的人受到失眠的困扰。失眠是由于情绪低落、饮食不规律、患病或衰老等病因，引起心神不宁，从而导致经常不能获得正常睡眠的病症。主要表现为：睡眠深度不足以及不能消除疲劳、恢复体力与精力。轻者入睡困难，或睡眠很浅，或半睡半醒，或醒后再也睡不着，重则一整晚都无法入睡。失眠具体临床表现为不寐、头重、胸闷、心烦、吐酸、不思饮食。保持愉快的心境有助于缓解失眠症状。

◎饮食指导

饮食不节制和暴饮暴食很容易导致失眠。故睡前最好不要吃太多。此外，宜多吃补脑安神的食物。不要吃甜食和油腻生冷的食物，也不宜过量喝酒，否则会导致肠胃受热，痰热上扰，不利于入睡。

◎推荐食物

核桃、栗子、酸枣仁、大枣、龙眼、百合、莲子、枸杞、人参、冬虫夏草、桑葚、冰糖、蜂蜜、牛奶、茄子、西红柿、莴苣、小米、小麦、猪心、鹌鹑蛋、黄鱼。

Juice

栗子燕麦甜豆浆

原料 黄豆100克，栗子、燕麦、白糖各适量

做法

1. 将黄豆加水泡至发软，捞出洗净；栗子去皮，切小块。
2. 将黄豆、栗子块、燕麦一同放入豆浆机，加入适量水煮成豆浆。
3. 将豆浆过滤，加入白糖调味即可。

健脾养胃饮品

Juice

◎养生常识

《脾胃论》倡导“人以胃气为本，善温补脾胃之法”。脾胃是元气之本，元气是健康之本。脾胃伤，则元气衰；元气衰，则疾病生。所以要避免吃寒性的食物和药物，以避免伤及脾胃阳气。此外，油腻食物也要少吃，以免阻碍脾胃运化，烈性的白酒易致脾胃湿热，更要少喝。

◎饮食指导

三餐定时定量，提倡少食多餐，用餐时细嚼慢咽。养胃以清淡为原则，避免调味过重。宜选择鱼类、豆类、蔬菜、水果等易消化的食物。多喝粥类和酸奶也可以调理肠胃。减少粗纤维、脂肪的摄入。避免刺激性饮料，少吃过酸的食物。避免经常食用冰凉的食物及冷饮，否则很容易导致脾胃失和。

◎推荐食物

玉米、莲子、银耳、花生、谷物、面食、薏仁、板栗、木瓜、苹果、酸奶、豆制品、蘑菇、南瓜、菜花、土豆。

清甜玉米银耳豆浆

原料 黄豆50克，甜玉米粒25克，银耳、枸杞、白糖各适量

做法

1. 将黄豆加水泡至发软，捞出洗净；枸杞、银耳加热开水泡发；甜玉米粒洗净。
2. 将泡好的黄豆、银耳、枸杞、甜玉米粒全部放入全自动豆浆机中，加入适量水煮成豆浆。
3. 将豆浆过滤，加入适量白糖调味即可。

生菜胡萝卜豆浆

原料 黄豆100克，生菜叶、胡萝卜各适量

做法

1. 黄豆加水泡至软，洗净；生菜叶洗净，切成条；胡萝卜洗净，切丁。
2. 将泡好的黄豆、生菜叶条、胡萝卜丁一同放入全自动豆浆机中，加适量水煮成豆浆即可。

玫瑰花豆浆

原料 黄豆100克，玫瑰花10朵，白糖适量

做法

1. 将黄豆加水泡至发软后捞出，洗净；玫瑰花洗净。
2. 将泡好的黄豆、玫瑰花一同放入全自动豆浆机中，加入适量水后煮成豆浆。
3. 将豆浆过滤，加入白糖调味即可。

茉莉绿茶豆浆

原料 黄豆100克，茉莉花、绿茶、白糖各适量

做法

1. 将黄豆加水泡软，捞出洗净；茉莉花、绿茶分别加热水浸泡后取汁。
2. 将泡好的黄豆放入全自动豆浆机中，加入适量水及茶汁煮成豆浆。
3. 将豆浆过滤，加入白糖调味即可。

金银花豆浆

原料 黄豆80克，金银花10克，冰糖适量

做法

1. 黄豆浸泡至软后洗净；金银花洗净。
2. 将泡好的黄豆和金银花一同倒入全自动豆浆机中，加适量水煮成豆浆。
3. 将豆浆过滤，加入冰糖调味即可。

山楂大米豆浆

原料 黄豆60克，山楂25克，大米20克，白糖适量

做法

1. 将黄豆用清水浸泡至软后洗净；大米淘洗干净；山楂洗净，去蒂除核后切碎。
2. 将黄豆、大米、山楂一同倒入全自动豆浆机中，加水煮成豆浆，加入白糖调味即可。

海带豆浆

原料 黄豆60克，水发海带30克

做法

1. 黄豆用清水浸泡至软后洗净；水发海带洗净，切碎。
2. 将水发海带碎和泡好的黄豆一同倒入全自动豆浆机中，加入适量水煮成豆浆即可。

玉米燕麦豆浆汁

原料 鲜嫩玉米粒100克，燕麦片、黄豆各50克

做法

1. 将鲜嫩玉米粒、燕麦片洗净；黄豆温水浸泡回软。
2. 将玉米粒、燕麦片、黄豆放入全自动豆浆机中，加入适量水煮沸后过滤，装杯，搅匀即可。

红豆小米汁

原料 红豆60克，小米50克，蜂蜜适量

做法

1. 将红豆、小米分别淘洗干净，浸泡12小时。
2. 将红豆、小米放入全自动豆浆机中，加入适量水煮沸后过滤，装杯，稍凉后加入蜂蜜调味即可。

草莓香蕉豆浆

原料 黄豆100克，草莓2颗，香蕉1/2根，白糖适量

做法

1. 将黄豆加水泡至软，捞出洗净；草莓去蒂、洗净；香蕉去皮切成小块。
2. 将黄豆、草莓、香蕉放入全自动豆浆机中，加入适量水煮成豆浆，加入白糖调味即可。

雪梨猕猴桃豆浆

原料 黄豆50克，雪梨1个，猕猴桃1个，白糖适量

做法

1. 将黄豆加水泡至软，捞出洗净；雪梨去皮、核切块；猕猴桃去皮切块。
2. 将黄豆、雪梨块、猕猴桃块加适量水煮成豆浆，过滤后加入白糖调味即可。

金橘大米豆浆

原料 黄豆60克，大米20克，金橘3颗

做法

1. 将黄豆、大米分别用清水浸泡至软，洗净；金橘去皮后掰成小瓣。
2. 将泡好的黄豆、大米一同放入全自动豆浆机中，加入适量水煮成豆浆，放入金橘瓣。
3. 喝豆浆时直接食用金橘。

豆浆红薯米糊

原料 红薯250克，大米30克，美国野米10克，燕麦20克，黄豆50克，姜片5片

做法

1. 红薯清洗干净，切成粒状；大米、燕麦分别淘洗干净。
2. 黄豆温水浸泡，洗净后放入豆浆机中，加水成豆浆，倒出备用。
3. 红薯粒、大米、燕麦、姜片放入豆浆机中打成粉状。
4. 将打好的粉末盛入碗中，倒入煮开的豆浆，撒上炒香的美国野米即可。

芝麻首乌豆浆糊

原料 何首乌片50克，黑芝麻50克，黄豆50克，红糖适量

做法

1. 何首乌片烘干，研制成粉末；黑芝麻炒酥，压碎。
2. 黄豆温水浸泡回软，放入豆浆机中加水打成豆浆，倒出过滤备用。
3. 净锅置中火上，倒入豆浆，将何首乌粉煮沸，加入黑芝麻粉、红糖熬成糊状，盛入碗内即可。

芝麻栗子豆浆羹

原料 黑芝麻100克，新鲜栗子100克，黄豆100克

做法

1. 黑芝麻用小火焙熟；栗子煮熟，去壳切小块；黄豆温水浸泡，放入豆浆机中加水打成豆浆，倒出备用。
2. 将黑芝麻、栗子块放入豆浆机中，打成粉末。
3. 将打好的黑芝麻、栗子粉盛入碗内，锅中倒入豆浆煮开，倒入碗内搅成糊即可。

营养果蔬汁篇

豆·浆·果·汁·鲜·美·味

YingYang GuoShuZhi Pian

美容养颜饮品

◎养生常识

美容与养颜是密不可分的，健康完美的肌肤更要注意后天的保养。但仅仅注意外在的美容与保养是不够的，还要加上内在的调理。内脏的功能减弱及皮肤营养成分的流失是引起外部皮肤问题的主要原因。美容养颜最好的方法是在日常生活中注意饮食，生活规律，再辅助配以美容类的保养品以减轻不利环境的伤害。

◎饮食指导

女性美容养颜有几个不同阶段。少女时期，要多食用维生素与蛋白质含量高的食物；青年时期脸部额皮脂分泌减少，千万不要抽烟喝酒，否则会加速皮肤老化。要注意多食用富含B族维生素、维生素C的食物，少食煎炸类食物。进入更年期的女性要多吃新鲜的水果蔬菜，多补充维生素。

◎推荐食物

豆类及豆制品、菌类、山药、木耳、苦瓜、西红柿、酸奶、桑葚、草莓、荔枝、樱桃、柠檬、蜂蜜、药用玫瑰、醋、燕窝、人参。

Juice

柠檬奇异果汁

原料 黄柠檬1/2个，奇异果2个，蜂蜜适量

做法

1. 柠檬去皮，切成块；奇异果去皮，切成块。
2. 将切好的柠檬块、奇异果块同蜂蜜一起放入果汁机中打成汁即可。

奇异果汁

原料 奇异果2个，牛奶200毫升，蜂蜜、冰块各适量

做法

1. 将奇异果去皮，切成小块。
2. 将奇异果块同牛奶、蜂蜜、冰块一起放入果汁机中打成汁即可。

奇异果水梨汁

原料 奇异果2个，丰水梨1个，冰块适量

做法

1. 将奇异果去皮，切成小块；丰水梨去皮、核，切成小块。
2. 把奇异果块、丰水梨块、冰块一同放入果汁机中打成汁即可。

男性养生饮品

◎养生常识

现代男性的工作和生活压力很大，很多过劳死的事件给人们敲响了警钟。从生理角度看，男性的耐受力要低于女性，不及女性耐饥耐寒、耐疲劳和耐精神压力。男性遇到阻力常会血压升高，肾上腺素分泌增加，患心脑血肝疾病的危险增加。为了提高自身的健康水平，男性应加强体育锻炼，保证充足的睡眠，保证三餐饮食有规律。忌不吃早餐，久坐不动。此外，男性应有健康体检的意识，养成定期体检的习惯。

◎饮食指导

多吃富含纤维和镁、锌元素的食品，多吃含维生素A、维生素B_6，维生素C、维生素E的食物，疲劳时多吃碱性食物。可适当饮红酒，但应戒烟。少吃高脂肪、高胆固醇食物。忌吃影响精子质量的食品，如芹菜、冬瓜、菱角、竹笋、芥菜、可乐等。

◎推荐食物

瘦肉、羊肉、动物肝脏、牡蛎、蛤蜊、胡萝卜、山药、韭菜、番茄、香菇、大蒜、枸杞、干果类、猕猴桃、苹果、橙子、葡萄、樱桃、红酒。

奇异果凤梨苹果汁

原料 奇异果1个，凤梨半个，苹果1个，蜂蜜适量

做法

1. 奇异果去皮，切成块；凤梨去皮切块；苹果去皮、核，切块。
2. 将原料一同放入果汁机中打成汁即可。

鳄梨奶昔

原料 鳄梨（酪梨）1个，脱脂牛奶240毫升，蜂蜜适量

做法

1. 先用刀沿着酪梨切一圈，然后手把着两半一拧就开了。
2. 用勺子，或者小刀演着皮切，一边切一边转，就把皮脱下来了。
3. 余下的鳄梨肉跟牛奶、蜂蜜一起入搅拌机里搅匀即可。

木瓜姜汁

原料 木瓜2个，姜适量

做法

1. 将木瓜去皮，挖去中间的籽，切成小块；姜洗净去皮，切成段。
2. 将木瓜、姜放入果汁机内打成汁即可。

西瓜菠萝奶汁

原料 西瓜肉500克，菠萝肉300克，牛奶200毫升，柠檬汁20毫升，蜂蜜适量

做法

1. 将西瓜肉、菠萝肉切小块放入果汁机中打匀，滤去果渣倒入水杯中备用。
2. 杯中加入牛奶充分拌匀，再加入柠檬汁及蜂蜜调味即可。

西瓜番茄汁

原料 西瓜1000克，番茄500克

做法

1. 将西瓜剖开，去籽，取瓤，用洁净纱布绞取汁液。
2. 将番茄用沸水冲烫，剥皮，去籽，再用洁净纱布绞取汁液。
3. 将番茄汁与西瓜汁合并，搅匀即可。

大厨支招 完整的西瓜可冷藏保存15天左右，夏季西瓜放冰箱冷藏不宜超过2个小时。

西瓜汁

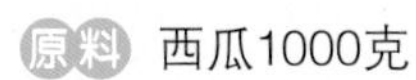
原料 西瓜1000克

做法

将西瓜剖开，去籽，取瓤，用洁净纱布绞取汁液，搅匀即可。

牛奶番茄汁

原料 牛奶200毫升，番茄2个，蜂蜜、柠檬汁各适量

做法

1. 将番茄剥皮，切丁备用。
2. 将番茄丁、蜂蜜、柠檬汁倒入果汁机中打成汁，倒入杯中，加入牛奶搅匀即可。

香蕉牛奶汁

原料 香蕉1根，牛奶200毫升，蜂蜜适量

做法

1. 将香蕉去皮，切成小块。
2. 将香蕉块与牛奶、蜂蜜一起放入果汁机中打成汁即可。

橘香甜汁

原料 橘子2个，胡萝卜1根，蜂蜜适量

做法

1. 将橘子去皮剥成小瓣；胡萝卜洗净，切成块。
2. 将原料一同放入果汁机中打成汁即可。

减肥塑身饮品

◎养生常识

世界卫生组织（WHO）警告称，超重和肥胖是引起死亡的第五大风险。肥胖不仅会让身材走形，还可能导致心血管、高血压等疾病，威胁人的健康。减肥要从合理科学地控制饮食做起，选择高蛋白低热量的食品既能补充营养又能满足减肥的要求。

◎饮食指导

饮食宜清淡，细嚼难咽。三餐定量，少食多餐。富含油脂的食物尽量避免和米、面、土豆等富含碳水化合物的食物同吃。尽量不吃或少吃油炸及烟熏的肉类食物。尽量不炒、煎食物，而多采用烫、蒸或凉拌的方法。如果要炒、煎食物，尽可能食用植物性的橄榄油和大豆油。慎用调味品，少盐少糖。少喝碳酸性饮料，忌烟酒。

◎推荐食物

薏米、魔芋、冬瓜、西芹、豆芽、黄瓜、白萝卜、西红柿、苹果、橘子、草莓、葡萄柚、山楂、西瓜、酸奶、海藻、海鲜、牛肉。

Juice

蜜汁瓜饮

原料 哈密瓜小半块，西瓜2块，牛奶适量

做法

1. 哈密瓜去皮、瓤，切块；西瓜去皮，切小块。
2. 将哈密瓜块、牛奶倒入榨汁机中，搅打成汁，倒入玻璃杯中，放入西瓜块即可。

苹果鲜藕汁

原料 苹果1个，鲜藕30克，白糖适量

做法

1. 苹果去皮核切块；藕切片。
2. 将切好的苹果块和藕片放入锅中加水煮熟，加白糖即可。

苹果葡萄汁

原料 苹果2个，葡萄200克，柠檬1个，蜂蜜适量

做法

1. 将苹果洗净去皮，切成小块；葡萄去皮去籽；柠檬去皮切成块。
2. 将原料一同放入果汁机中打成汁即可。

草莓柠檬汁

原料 草莓100克，优酪乳半杯，柠檬半个，冰糖、蜂蜜各适量

做法

1. 草莓去蒂洗净；柠檬去皮切成块。
2. 将上述原料及优酪乳、冰糖一同放入果汁机中打成汁，加入蜂蜜即可。

美肤柠檬汁

原料 苹果50克，莴笋20克，柠檬汁、蜂蜜各适量

做法

1. 将莴笋、苹果去皮、核，切成块。
2. 将原料放入果汁机中，加入蜂蜜打成汁后，加入柠檬汁即可。

大厨支招 选购柠檬时，一定要选择手感硬实、分量较重、表皮紧实、表面发亮者。

木瓜草莓汁

原料 木瓜1个，草莓6个，橘子1个，炼乳适量

做法

1. 木瓜去皮、籽，切成块；草莓去蒂洗净；橘子去皮掰成块。
2. 将原料倒入果汁机中，加入炼乳打成汁即可。

小米龙眼红糖汁

原料 小米100克，龙眼肉30克，红糖适量

做法

1. 将小米淘洗干净，浸泡4小时；龙眼肉洗净。
2. 将小米、龙眼肉放入全自动豆浆机中，加入适量水煮沸后，装杯，加入红糖调匀即可。

哮喘调理饮品

◎病情概述

哮喘是世界公认的医学难题，被世界卫生组织列为四大顽症之一，它是由多种细胞，特别是肥大细胞、嗜酸性粒细胞和T淋巴细胞参与的慢性气道炎症。在易感者中可引起反复发作的喘息、气促、胸闷和咳嗽等症状，多在夜间或凌晨发生。大多数哮喘患者属于过敏体质，本身可能伴有过敏性鼻炎。

◎饮食指导

多喝水，多吃润痰化肺的食物。多食含镁、钙丰富的食物有减少过敏的作用。不宜吃过咸、过甜、刺激的食物，否则会令气管收缩，引发哮喘。少吃海鲜，以防特异性蛋白引起过敏。少吃产气类和含亚硝酸盐的食物，以免加重哮喘。进餐时不宜吃得过饱。饮食忌辛辣、寒凉。

◎推荐食物

山药、萝卜、荠菜、豆腐、冬瓜、芝麻、核桃、柑橘、梨、蜂蜜、枇杷、银耳、燕窝、灵芝、冬虫夏草。

葡萄梨奶汁

原料 梨1个，鲜奶300毫升，哈密瓜1/4个，葡萄干、炼乳各适量

做法

1. 将梨洗净，去皮、核，切成小块；哈密瓜去皮、籽，切成小块。
2. 将切好的梨块、哈密瓜块同葡萄干、鲜奶、炼乳一同倒入果汁机内打成汁即可。

红萝卜苹果汁

原料 红萝卜1根，苹果1个

做法

1. 将红萝卜削皮洗净，切成小块，加入适量冷开水放入果汁机中打成汁。
2. 苹果削皮、去核切成小块，一同放入打好的红萝卜汁中打成果汁即可。

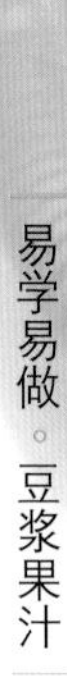

健康果菜汁

原料 苹果1个，青椒80克，苦瓜110克，芹菜120克，黄瓜150克

做法

1. 青椒、苦瓜、芹菜洗净切成小块，加冷开水放入果汁机中打成汁。
2. 苹果、黄瓜洗净，去皮、核切成小块，放入打好的菜汁中一起打成果菜汁即可。

大厨支招 苹果切开后与空气接触会因发生氧化作用而变成褐色，可在盐水里泡15分钟左右。或将柠檬汁滴到苹果切片上，可以防止苹果氧化变色。

番茄小黄瓜汁

原料 番茄1个，小黄瓜3根，蜂蜜适量

做法

1. 将小黄瓜洗净切小块，加入少许冷开水，放入果汁机中打成汁。
2. 番茄洗净去皮，切成小块，与蜂蜜一起放入打好的黄瓜汁内再次打成果汁。

番茄萝卜蜜糖汁

原料 胡萝卜200克，番茄150克，麦芽糖25克，矿泉水1瓶

做法

1. 胡萝卜、番茄洗净去皮，切成块。
2. 将胡萝卜、番茄放入榨汁机，加入矿泉水、麦芽糖搅打成汁，装碗即可。

红薯雪梨胡萝卜汁

原料 红薯1个，雪梨1个，胡萝卜1根，芹菜2棵，蜂蜜适量

做法

1. 将红薯去皮，洗净，切成块；芹菜择洗干净，切段。
2. 雪梨洗净去皮，切块；胡萝卜去皮，洗净切块。
3. 将原料同蜂蜜放入榨汁机中打成汁即可。

马铃薯苹果汁

原料 马铃薯2个，苹果1个，蜂蜜适量

做法

1. 将马铃薯和苹果洗净，去皮，切成小块。
2. 将马铃薯块、苹果块、蜂蜜一起放入果汁机中打成汁即可。

苹果高丽菜汁

原料 高丽菜叶70克，芹菜100克，苹果1个，柠檬1/4个

做法

1. 芹菜、高丽菜分别洗净切小块，加少许冷开水放入果汁机打成汁。
2. 苹果、柠檬削皮切成小块，放入打好的菜汁中一起打成汁，盛入杯内即可。

柚子芹菜汁

原料 柚子1/2个，芹菜50克，蜂蜜适量

做法

1. 将芹菜洗净切块；柚子去皮切瓣。
2. 将原料倒入果汁机中，打成汁后倒入杯中，加入蜂蜜调匀即可。

白菜苹果草莓汁

原料 白菜半棵，苹果1个，草莓6颗

做法

1. 白菜清洗净，切片。
2. 苹果洗净，去皮、籽，切成块。草莓去蒂，备用。
3. 将白菜片、苹果块、草莓放入榨汁机中榨成汁即可。

柳橙果蔬汁

原料 胡萝卜1根，芹菜1/2根，柳橙2个，蜂蜜适量

做法

1. 将胡萝卜和芹菜洗净，去皮，切成小块。
2. 橙子洗净后切块，用榨汁机压榨成汁。
3. 将所有原料全部倒入搅拌器内，搅碎，加入蜂蜜调味即可。

解酒果蔬汁

原料 紫甘蓝200克，菠萝60克，苹果、柳橙各1个，柠檬1/4个

做法

1. 柠檬洗净，用榨汁机榨取汁液。
2. 苹果、紫甘蓝、柳橙、菠萝清洗干净，切碎，放入榨汁机内榨汁，再加入柠檬汁调匀即可。

甘蓝果蔬汁

原料 卷心菜100克，小苹果1个，柠檬1/2个，蜂蜜适量

做法

1. 将卷心菜冲洗干净，切成小片。
2. 苹果去皮去核，切小块。柠檬挤汁备用。
3. 将所有原料一起放入豆浆机中，加适量矿泉水，榨汁搅拌，食用时加入蜂蜜调味即可。

酸梅汁

原料 乌梅5颗，山楂干15克，玫瑰果4颗，冰糖25克

做法

1. 将乌梅、山楂干、玫瑰果冲洗干净，放入锅内，加水，用大火烧开，放入冰糖，转小火煮20分钟。
2. 关火后晾凉，捞出材料，将汤汁倒入容器中，放进冰箱冷藏室冰镇即可。

青苹果青椒汁

原料 青椒、青苹果各1个

做法

1. 苹果洗净，去皮、去核，切成小块。
2. 青椒洗净，去籽，切块备用。
3. 将苹果块、青椒块同放入豆浆机中，加入适量凉饮用水，榨汁搅拌即可。

菠萝柠檬汁

原料 菠萝汁50克，柠檬1片，白糖30克，红茶5克，冰块适量

做法

1. 取杯放入红茶，用开水冲开，加入白糖。
2. 待凉后放入菠萝汁搅匀。
3. 最后放入柠檬片，加入冰块即可。

三汁蜂蜜饮

原料 白萝卜250克，莲藕250克，雪梨2个，蜂蜜25克

做法

1. 将白萝卜、莲藕、雪梨分别清洗干净，去掉外皮，切成细小的碎块。
2. 白萝卜块、莲藕块、雪梨块放入豆浆机中，加适量凉开水，榨成汁液，调入蜂蜜即可。

苹果绿茶汁

原料 苹果1/2个，柠檬1/2个，蜂蜜少许，绿茶包1个

做法

1. 将绿茶包用热水冲开备用；苹果去皮切成丁备用。
2. 柠檬去皮榨成果汁，倒入绿茶中，再将苹果丁放入果茶中，加入蜂蜜调味即可。

杏仁奶茶汁

原料 牛奶250克，杏仁100克，白糖25克

做法

1. 将杏仁放入热水中浸泡5分钟，捞出后去皮，将杏仁连同泡杏仁的水一起倒入搅拌机中加工成浆汁，用纱布滤去渣滓。
2. 将杏仁汁倒进锅里，加200毫升清水，煮沸后加白糖调味。
3. 将煮好的杏仁汁冲入加热过的牛奶即可。

电脑者保健饮品

◎保健常识

长时间操作电脑，很容易导致头晕、眼睛酸胀、手指发麻、便秘等“电脑综合症”，更容易患“鼠标手”与关节炎。这与长期的姿势不良、过长时间地操作电脑，全身运动减少等因素都有极大的关系。离开电脑后，应彻底清洗面部，涂上温和的护肤品。平时准备一瓶滴眼液，以养护明眸。常做体操，祛疲劳效果非常好。

◎饮食指导

由于电脑操作业者眼睛过久地注视电脑荧光屏，会使视网膜上的感光物质视紫红质消耗过多，若未能及时补充维生素A和相关营养素，会导致视力下降、眼痛、怕光、暗适应能力降低等。因此，电脑工作者对维生素A的需求量比一般人要高，平时应多吃一些富含维生素A的食物及“健眼食物”。另外，电脑操工作者体力消耗少，故热量摄入不宜过多，脂肪类食物应注意限制。

◎推荐食物

羊肝、猪肝、蛋类、乳类、花生、核桃、猪腰、青菜、菠菜、白菜、黄花菜、西红柿等。

Juice

养颜核桃杏仁露

原料 杏仁、核桃仁各40克，冰糖适量

做法

1. 将杏仁、核桃装入豆浆机网罩中，杯体内加入清水。
2. 启动机器，10分钟后豆浆煮熟，加适量冰糖即可。

雪梨银耳蜜汁

原料 雪梨1个，银耳10克，蜂蜜适量

做法

1. 取杯放入红茶，用开水冲开，加入白糖。
2. 银耳用温水浸泡至软后去蒂，洗净去杂质，煮1小时后备用。
3. 将雪梨和银耳一同放入豆浆机中，加适量凉开水，榨成汁，食用前调入蜂蜜即可。

荸荠蜜奶汁

原料 荸荠250克，牛奶150克，蜂蜜15克

做法

1. 荸荠去皮洗净，切成两半。
2. 将荸荠与牛奶、蜂蜜一同放入豆浆机中，加适量凉开水，榨成汁即可。

酸奶香蕉汁

原料 酸奶250毫升，香蕉2根

1. 将香蕉去皮，切段，放入豆浆机中，加入酸奶和适量凉开水，榨成汁即可。

雪梨番茄汁

原料 雪梨500克，番茄300克

做法

1. 将雪梨洗净去皮，剥开，去籽，切块。番茄用沸水冲烫，剥皮，去籽，切块。
2. 将雪梨和番茄一同放入豆浆机中，加适量凉开水，榨成汁即可。

红糖姜茶

原料 金丝枣70克，姜50克，红糖适量

做法

1. 金丝枣去核；姜切片。
2. 将金丝枣肉、姜片、红糖放入锅中，加入适量清水，盖上盖子炖煮30分钟即可。

红枣以皮色紫红、颗粒大而均匀、果形短壮圆整、皱纹少、痕迹浅者为佳。